THiNK

乡村

THiNK
RURAL

［比利时］皮埃特·斯温伯格 / 著

［比利时］简·维林德 / 摄影

杨梓琼 / 译

科学技术文献出版社
SCIENTIFIC AND TECHNICAL DOCUMENTATION PRESS

·北京·

图书在版编目 (CIP) 数据

乡村 /（比）皮埃特·斯温伯格 (Piet Swimberghe) 著；（比）简·维林德 (Jan Verlinde)
摄影；杨梓琼译 . — 北京：科学技术文献出版社，2021.4
　　书名原文：Think Rural
　　ISBN 978-7-5189-7685-0

Ⅰ . ①乡… Ⅱ . ①皮… ②简… ③杨… Ⅲ . ①建筑设计—作品集—世界—现代
Ⅳ . ① TU206

中国版本图书馆 CIP 数据核字 (2021) 第 038983 号

著作权合同登记号　图字：01-2021-0945
中文简体字版权专有权归北京紫图图书有限公司所有
© 2016, Lannoo Publishers. For the original edition.
Original title: Think Rural.
www.janverlinde.com
www.lannoo.com
© 2021, Beijing Zito Books Co., Ltd. For the Simplified Chinese edition
Current Chinese translation rights arranged through Divas International, Paris
巴黎迪法国际版权代理 (www.divas-books.com)

乡村

策划编辑：王黛君　责任编辑：王黛君　宋嘉婧　责任校对：王瑞瑞　责任出版：张志平

出 版 者　科学技术文献出版社
地　　址　北京市复兴路 15 号　邮编 100038
编 务 部　（010）58882938，58882087（传真）
发 行 部　（010）58882868，58882870（传真）
邮 购 部　（010）58882873
官方网址　www.stdp.com.cn
发 行 者　科学技术文献出版社发行　全国各地新华书店经销
印 刷 者　艺堂印刷（天津）有限公司
版　　次　2021 年 4 月第 1 版　2021 年 4 月第 1 次印刷
开　　本　889×1194　1/16
字　　数　494 千
印　　张　13
书　　号　ISBN 978-7-5189-7685-0
定　　价　399.00 元

Think Rural

思索·乡村

绿色是这个时代的代表颜色吗？以一种全新的方式？毋庸置疑！有机食物从来没像今天这么受欢迎，室内植物甚至再次出现在我们的客厅中。我们都渴望我们的生活中能有更多的绿色，还重新发现了居住在安静的居所中的乐趣。我们不断想象着，如果能在乡野间，有一个树木环绕或处在森林深处的家，那真是再惬意不过了！这可以说是一种放慢生活节奏、逃离城市喧嚣和网络数据化"海啸"的绝佳方法。人们开始逐渐搬到城市边缘或农村，而我们正在目睹这一场沉默的撤退。无数人梦想着能够在乡下拥有城市以外的第二个家，这甚至可以说是当前的一大趋势。随着大量树木和蔬菜园圃的出现，自然景观也正在城市内部显现出来。我们甚至不时能在城市里发现乡村内核，比如，以前冬天时，人们用来寄养奶牛的城市农场的阁楼。这本书的主要内容就是关于当代乡村风室内装饰的。书里有些房子会让人想起弗兰克·劳埃德·赖特（Frank Lloyd Wright）建造的乡村住宅，或诺依特拉（Neutra）、沙里宁（Saarinen）和伊姆斯夫妇（Eames）在洛杉矶周边建造的一系列实验建筑。有些房子的历史，甚至可以追溯到好几个世纪以前。我们的观察表明，大批能够将自然融入家庭室内环境的开放式住宅正在卷土重来。这些令人耳目一新又不同寻常的建筑，提供了一种当代混搭原始、新旧混杂的家居风格组合。艺术品显然也是家居风格中的一部分，并且大受欢迎。墙面完全光秃秃的日子已经完全成为历史，一去不复返了。好好欣赏这本书里的色彩搭配吧。有时候这些色彩微妙得令人不易察觉，有时候又有种爆炸性的效果。这可能是我们这个时代最令人放松的室内设计书籍之一。当你在大量浏览这些华丽的室内装饰时，你的压力也会轻而易举地消失。我们把这种情况称为"内部冥想"。请尽情享受这段从水边到田野和森林的梦幻之旅吧。

Brick House

砖房子

这栋由埃迪·弗朗索瓦设计的平房别墅，非常符合二十世纪五六十年代的现代别墅的传统设计。当时许多欧洲建筑师受到了案例研究建筑的影响。像诺依特拉、伊姆斯夫妇和沙里宁这样的设计师在洛杉矶建造了许多典型的简单别墅，它们大多是将室内和室外融为一体的透明住宅。在这个案例中，内部空间以屋顶露台的形式延伸到了花园中。

海德堡森林环绕着这栋房子，充足的光线透过树枝照射进室内。建筑师埃迪·弗朗索瓦（Eddy François）于 2012 年设计了这栋平房别墅。这栋房子被打造成一座可以让自然风光从四面八方泻进室内的豪华住所。亚历山德拉·科迪亚（Alexandra Cordia）和摄影师彼得·德肯斯（Peter Dekens）就居住在这里，他们的家就像一个透明的立方体，无论室内、室外都有非常好的视野。比如说，卧室完全被绿色所环绕。埃迪在混凝土墙壁上设计了一个大的遮阳顶棚，一侧可以盖住停车场，另一侧是半遮阴的露台。埃迪对乡村建筑有着极大的热情，虽然他在这个项目中使用了一组独特的当代造型结构。即便如此，这座建筑也融入了传统乡村住宅的元素，比如，暴露在外的木横梁和砖石地面，给人一种强烈的热情好客感。彼得和亚历山德拉选择了一种以斯堪的纳维亚复古设计为主的简单朴素的室内设计，增加了这座建筑的冲击力。因此，这座房子的氛围和风格都非常符合案例研究建筑的平房传统——和大自然的辩证对话。

砖房子

不过埃迪·弗朗索瓦也在意大利找到了灵感，设计
了这座建筑，从中可以明显看出他对手工、天然的
材质热情，比如，暴露在外的木横梁和砖石地面。
他一直很喜欢乡村建筑，并且成功地在现代环境下
再现了一种温暖自然的感觉。

砖房子

建筑是围绕着一条连接客厅和卧室的走廊来设计的，
卧室基本完全被外面的树木包围。这个冥想空间是
一个可以令人放松的休息或安眠的小房间。这里你
可以再次感觉到日式风格的影响。埃迪·弗朗索瓦
也和很多日本建筑师、设计师们保持着密切的联系。

当代工艺美术

Tribute To
Frank Lloyd Wright

向弗兰克·劳埃德·赖特致敬

THiNK 乡村

　　风景不是这里唯一神秘的元素，这座房子坐落在荷兰和比利时边境森林里一座古老的山丘上。周围的树木非常茂密，以至于房子本身几乎都被遮挡住了。你首先看到的是用未经打磨的天然巨石建造的墙壁。这座建筑和美国著名建筑师弗兰克·劳埃德·赖特及他的代表作——建造在溪流上的流水别墅之间的联系，无疑是显而易见的。这座非凡的乡村庄园的主人，正是国际时尚企业家迈克尔·阿特斯（Michael Arts）。阿特斯在美国居住了很多年，在美国期间，他对赖特的创作产生了浓厚的兴趣。大师与自然对话的作品尤其使阿特斯着迷。和赖特一样，阿特斯也很迷恋日本这片"太阳升起的土地"的文化和乡村。整个房子到处都装饰着日本版画，花园里还有来自日本的树木。阿特斯10年前设计了这座庄园，不过它看起来像是已经在这里存在了好几十年。它被设想成一个非常隐蔽的庇护所，是一块悬空的岩石，来客可以从中发现各位收藏家的物品。这些陈列的物品都是阿特斯从小就开始收集的，比如，他喜欢古董名牌灯具。房子里到处都有设有壁炉的休息区和起居室。阿特斯也欣赏技艺精湛的手工艺品，从精美的波尔图大理石和孟加锡黑檀木的大量使用，甚至门的装饰都可以证明这一点。这是当代工艺美术复兴达到最高水平的例证。这栋住宅从森林和花园中获得了令人深思的影响，我们可以通过每个角落都有的宽大窗户领略到这一点。

迈克尔·阿特斯和弗兰克·劳埃德·赖特一样，都对日本非常着迷。除了日本版画，他还在房屋周围种植了很多日本和亚洲其他国家的树木，让自然与几何建筑、混凝土以及天然石材对话。上面这张照片是在用餐区兼厨房拍摄的，这个空间连接了私密的卧室和开放的花园。

向弗兰克·劳埃德·赖特致敬

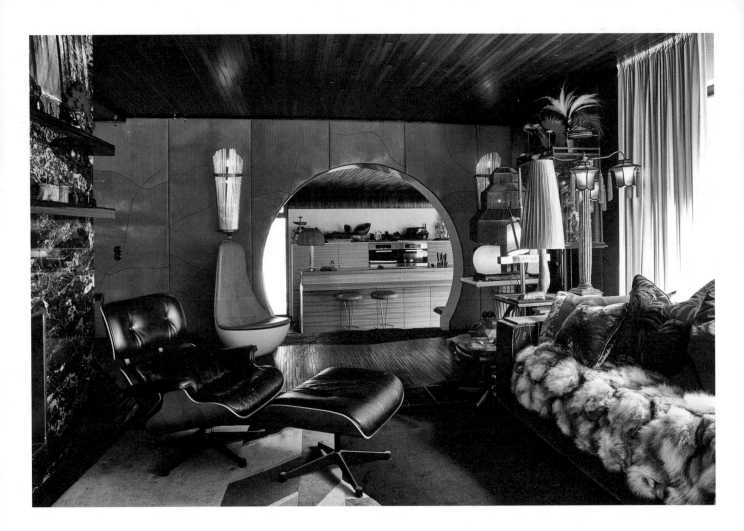

这栋建筑的外观轮廓具有鲜明的建构主义色彩，但是室内圆形的形状却让人感到惊讶，如客厅和大厨房之间的门廊。这面特殊的墙壁表面用皮革覆盖，卧室的地面也做了相同处理。如果没有这座种满了来自遥远东方的植物的壮观花园，这栋乡村房屋面貌将会变得难以想象。森林花园不仅让这座房子显得极具紧密感，而且还具有纪念意义。请留意这些来自 20 世纪 50 年代的古董吊灯，还有地上这些大块的天然石板，这座房子就像一座充满了明亮和黑暗、粗糙和光滑之间对比，且材料各异的寺庙。

向弗兰克·劳埃德·赖特致敬

Countryside

乡村

THiNK 乡村

在这栋乡村住宅中，景观不是唯一重要的方面，其布局也明显和古典别墅有所不同。外立面后面的走廊提供了一个不同寻常的视角，让人一眼就能看到屋中不同的空间。高高的门廊让室外漫长开阔的景观更加吸引人。这栋建筑采用了简单的混凝土地面和粉刷墙面，甚至带有一些工业风格。

布鲁格尔（the Brueghel）一家来到我们发现的一栋经过翻新的农舍的地方，描绘了这里起伏的山峦。我们发现自己被田野和果园包围着，这里离布鲁塞尔只有一箭之遥。查尔斯·德·斯托普（Charles De Stoop）和安·苏菲·德·斯托普（Ann-Sophie De Stoop），还有他们的孩子都非常享受乡下的平静和安宁。这是一座货真价实的家庭住宅，这家人在他们的围墙内欢迎着许多朋友的到来。作为一个艺术史学家，安·苏菲曾经是佳士得拍卖行的顾问。现在，她依然会为了她的室内设计事业周游世界，搜寻艺术品、中古作品和古董。这座农庄被来自根特的建筑师贝诺·维亚内（Benoît Viaene）轻微翻新过，贝诺极其相信传统的手工艺和历史悠久的技术。你注意到的第一个细节可能是精心粉刷过的墙面，它就像古董画一样反射着光线。这个农庄的结构基本没有改动。厨房是这个家的中心。安·苏菲的灵感来源于意大利乡村农庄。她选择使用充满灵魂和有爱的材料，并且毫不费力地把新与旧、中古与古董融合在一起。其中还包括贝拉·席尔瓦（Bela Silva）的陶瓷作品，还有汉斯·奥普·德·比克（Hans Op de Beeck）和洛丽丝·塞奇尼（Loris Cecchini）的艺术作品，客厅壁炉上方的浮雕也是这两位艺术家制作的。

安·苏菲的艺术品和古董销售生涯，让她对天然材料和简单形状充满了热情。她喜欢光秃秃的墙壁和比例匀称的门窗。20 世纪 50 年代用铁艺和藤面制成的家具是她的另一个最爱，她尤其爱它们独特的几何图形特征。

餐厅里摆放了一张粗糙的红木桌子，墙上挂着娜塔莉·普罗斯蒂（Nathalie Provosty）和莱昂·弗兰肯（Leon Vranken）的作品，体现出了当代乡村风味。桌子上这个结实的陶瓷花瓶是贝拉·席尔瓦的作品。这些斯堪的纳维亚中古座椅带来了一种优雅的气息。粗糙的材料与图案的结合令人耳目一新。

Modernism

现代主义

当建筑师纳赫曼·卡普兰斯基（Nachman Kaplansky）在 1925 年离开特拉维夫，开始在安特卫普开始新生活时，这个港口城市完全笼罩在"咆哮的20 年代"的气氛中。这些前卫的场景充满了生命力和活力，很多艺术家和建筑师都居住在这里，包括奥西普·扎德金（Ossip Zadkine）和勒·柯布西耶（Le Corbusier）。勒·柯布西耶还在这里修建了一个现代主义的房子。许多建筑师喜欢现代的线条、没有装饰的棱角结构、宽大的窗户和平屋顶。建筑师卡普兰斯基于 1934 年完成了这栋房屋，而这些设计元素就是这栋房屋让人感到宾至如归的原因。这栋住宅坐落在一个绿色森林环境中，花园是由景观设计师勒内·拉廷（René Latinne）设计的，他是比利时最著名的景观设计师之一。花园建筑师巴特·哈维坎普（Bart Haverkamp）和彼得·克罗斯（Peter Croes）给花园注入了新的活力。最近，安特卫普建筑局、安特卫普著名建筑事务所 B-architecten 和建筑师奥尔加·佩雷斯（Olga Perez）合作翻新了这栋乡村房屋。B-architecten 建筑事务所的德克·恩格伦（Dirk Engelen）说："自 1932 年以来，这栋建筑已经经历了两次翻修，这两次翻修抹去了这座建筑的包豪斯风格，我们现在已经恢复了它的包豪斯风格。"建筑内部时尚而现代，散发出早期现代主义建筑的氛围。正如德克所说，材料的使用也是非常高雅、精致和复杂的。这座建筑使用了水磨石地面、红木和胡桃木制成的橱柜，以及石灰华大理石。可以说，安特卫普和荷兰边境之间的森林里拥有许多现代主义的瑰宝。

安特卫普周围的地区仍然是战前现代建筑的光辉
典范。第一次世界大战前，这里有不少时髦的别
墅，通常都是以建构主义的砖石为画龙点睛的点
缀。这栋别墅后来经历了一定程度的改建，并由
B-architecten 建筑事务所翻新恢复为包豪斯风格。
当地的建筑公司改造了这座建筑内部和外部的建筑
风格。相对野生的花园也起到了重要作用，与建筑
生硬的线条进行着微妙的对话。

现代主义

THiNK 乡村

在这次修复工作开始之前，建筑内部已经由于之前的增建变得相当封闭。为了最大限度地建成开放的生活空间，在这次修复过程中拆除了被增加的内部结构。房子里许许多多的窗户让花园成了建筑周围极其有存在感的景观。室内装饰相当简单朴素，但是这座建筑雕塑般的体积使它显得格外强大和纯净。建筑师和委托人不约而同都选择了特殊材料，比如，实木橱柜是用胡桃木和红木做成的，地面上用了石灰华大理石。这些材料在 20 世纪 30 年代一度非常受欢迎。

现代化的厨房主要由华丽的花岗岩制成，这是一个能够将自然引入室内环境的相当现代化的创造，也是当代设计中定制工艺和工艺美术复兴的一个很好的例子。混凝土楼梯在这个开放的空间中占据重要地位，是对勒·柯布西耶 1929 年为查尔斯·德·贝斯特古（Charles De Beistegui）在巴黎的公寓设计的旋转楼梯的模仿和致敬。

现代主义

虽然建筑整体结构带我们回到了战前的现代主义，但内部环境却完全符合当前时代，屋中陈设了一些来自 20 世纪 50 年代的华丽古董物件用来装饰，如哈里·贝尔托亚（Harry Bertoia）设计的躺椅。在这个内部环境中，我们也可以感受到精致主义的无声回归，装饰中充满了很多生动活泼的细节。

在花园的一个幽静的角落，我们发现了 B-architecten
建筑事务所设计的这座混凝土凉亭。这里是瑜伽室，
从这里可以看到整座住宅。粗犷的浇筑混凝土赋予
了这栋建筑一种野兽派的特征。这间位于花园里的
房间也可以用作客房，但这里首先是作为一个冥想
空间来使用的。

Swedish Rooms

瑞典式房屋

瑞典式房屋

瑞典式房屋

这间位于布鲁塞尔附近的庄园住宅建于 20 世纪初期，装潢采用了当时广受赞誉的折中主义风格，我们甚至能从这些装饰品里识别出新艺术运动的元素。在室内建筑师安妮·德拉塞的主持下，这座建筑被轻柔地翻新了一遍，不过几乎所有的旧元素都被保留了下来。这座冬日花园反映出了业主们经常沿着国际路线旅行，最远到达过非洲。屋子里也有很多当代设计作品，比如，入户大厅里那盏娜塔莉·戴维斯（Nathalie Dewez）设计的月球灯。

这栋庞大的乡间别墅建成后，委托人在布鲁塞尔的绿化带上寻找合适的场地。这栋建筑就在特弗伦建造的那座著名的非洲博物馆旁边，博物馆里收藏着来自刚果的艺术品。这栋建筑大约建成于 20 世纪初，当时维克多·霍塔（Victor Horta）和亨利·范·德·维尔德（Henry van de Velde）正在掀起新艺术运动的巨大风潮。从这栋建于美好年代的房屋的内部装饰中，我们也能感受到其当时所受到的新艺术运动的影响。最近，这栋房子的住户是一对创意搭档——莉丝·科里耶（Lise Coirier）和吉安·朱塞佩·西梅恩（Gian Giuseppe Simeone）。他们两人都是从事国际事业的艺术史专家，莉丝主攻当代设计，吉安·朱塞佩则在全球范围内从事文化项目。同时，他们还在布鲁塞尔经营着一家名为 Spazio Nobile 的美术馆。最近，他们和室内建筑师安妮·德拉塞（Anne Derasse）合作重新装修了他们的家。从莉丝带来的这些设计师的作品（通常是原版样品），可以清晰地看到他们对这座房子的影响。他们的朋友圈里也有不少设计师、艺术家和雕塑家。这栋房子还散发出丹麦艺术家维尔姆·哈默肖伊（Vilhelm Hammershoi）画里所描绘的私密室内装饰的那种温馨、柔和的氛围。这些斯堪的纳维亚的韵味可以从这座房子的色彩、光线和家族传承而来的家具中辨认出来。吉安·朱塞佩也有一部分瑞典血统。看到这些影响如何自发地在这座被郁郁葱葱的绿叶环绕的乡村庄园中产生结晶，真是一种非同寻常的经历。

这个会客厅是对业主的斯堪的纳维亚血统的一种轻松的致敬和认可。家族传承而来的瑞典古董家具，创造出了能让人联想到维尔姆·哈默肖伊绘画的装饰风格。这个古董家具与芬兰设计师伊玛里·塔佩瓦拉（Ilmari Tapiovaara）设计的古董多莫斯椅、比利时设计师查尔斯·凯辛（Charles Kaisin）设计的白色长椅完美搭配在一起。餐厅摆放着一个乔斯·德米（Jos Demey）设计的中古餐边柜，还有丹麦家具品牌 Carl Hansen 的餐桌，柜子和桌面上摆放着皮耶特·斯托克曼（Pieter Stockmans）的瓷器作为点缀，餐桌周围摆放着汉斯·瓦格纳（Hans Wegner）的许愿骨椅。这个金属凳子是奥斯卡·齐耶塔（Oskar Zieta）的作品。

Humour House

幽默的房子

　　布鲁塞尔当地建筑师卡罗琳·诺特（Caroline Notté）颇有几分挑衅地说道，那种地道的乡村风格实在有些无聊。卡罗琳·诺特从事建筑、设计和摄影工作。她经常环游世界，在伦敦和纽约之间来回穿梭，几乎参观了世界上所有最好的地方，并且对当代艺术和建筑非常熟悉。这些过往旅行对她产生的影响都可以仕她设计的住宅中看到，仕这个为查尔斯·亨利·金特·德·鲁登贝克（Charles Henrit' Kint de Roodenbeke）设计的项目中尤为明显，呈现出一个位于乡下的城市风居所。卡罗琳·诺特说："乡村住宅也可以拥有大都市的活力。"她认为，乡村并不总是看起来如此粗糙土气。这所乡间住宅经过了彻底的翻新，并且采用了相当开放的平面布局。然而，对色彩、线条、几何图案、中古元素和摄影的运用，让这座房子拥有超乎寻常的品位和格调。卡罗琳·诺特并不畏惧在作品中添加一些幽默感。她将尖端前沿的设计和当前的艺术品，以及古老的传家宝相结合，这种当代混搭风格逐渐被世人所接受、认可。由此，我们可以得出的结论是，内部装饰的流行风潮一直存在，只是随着时间的推移而不断发展。这栋建筑物的外部结构，加上细长的箱式构造，创造出了一个整体渐进式的房间序列，给人额外的动感和令人愉悦的视野范围。在这座房子里，你可能会被南布拉班特乡村郁郁葱葱的绿叶所包围，但是大都市就在我们身后不远的地方。

　　　　幽默的房子

正如卡罗琳·诺特所设想的那样，乡村并不总是土气或老旧的。正相反，她的这座乡村住宅拥有相当明显的都会风特质。住宅内部可以说是逃离乡村景观的"避风港"，而且还具有一定的令人镇定的作用。显然，居住在这里的业主曾经到处旅行，沿途感受当地的风土人情，并为他们的家增添了不少异国情调。这是一种有着许多有趣发现的折中主义装饰风格，包括古董、现代艺术品和设计作品。许多风景照都是卡罗琳·诺特自己拍的，她也是一个专业的摄影师。

老房子

Bohemian

波西米亚风

波西米亚风

建筑的比例和老式横梁让这栋城市居所有一种乡村风情。室内建筑师凯瑟琳·德·维尔在与比利时著名古董艺术家阿克塞尔·维沃德（Axel Vervoordt）的合作过程中开启了她的职业生涯。尽管她现在通常会把新与旧、古老与复古融合在一起，但是她对旧家具和传统古铜物品的热爱却是从很早以前就开始了。白色沙发套上方的照片是马克·拉格朗日（Marc Lagrange）拍摄的作品，这张铺着意大利地砖的会客桌则是凯瑟琳自己制作的。

在历史悠久的里尔市中心地带，这块曾经建有修道院的绿地现在看起来几乎就像乡下一样。室内建筑师凯瑟琳·德·维尔（Catherine De Vil）用当代乡村风格重新装修了这座历史悠久的巨大建筑。这座宽敞的建筑有着华丽的比例，它的旧地板、横梁、门和粉刷过的墙面都非常坚固耐用。高大的窗户可以让令人惊叹的阳光大量涌入室内。前门的流水将阳光反射进屋子里，在天花板上投射出舞蹈般的涟漪。凯瑟琳·德·维尔这种漫不经心且毫不做作的设计风格，带给内部环境一种生机勃勃的感觉。到处都有轻松舒适的角落，大量的温暖色彩，还有美丽的装饰物品。这种古老与复古相结合的装饰风格令人耳目一新。凯瑟琳把她的风格称为波西米亚风。她喜欢干净简练的线条、简单的结构和生动活泼的装饰风格，而且她很喜欢这种从未失去过内核和灵魂的老房子。在她看来，很多现代化的建筑都过于简单和功能化。"在这座老的建筑里，你会看到在相对有限的空间中，房间也没有排列得很整齐。因为它们曾经被用作很多不同的用途，或者曾经被重新设计过。我们最终把这两所房子合二为一了。"她现在居住的这座房子建于 16 世纪。18 世纪时，这里曾经是一座女修道院的一部分。后来，这里变成了一所学校。

波西米亚风

THiNK 乡村

老建筑极具灵魂，默默展示着数百年来的和平与宁静。高高的天花板能够让美丽的光线倾泻而入，你还可以从楼梯上瞥见这座房子旁边的水流。这栋建筑曾经是一座修道院，后来又成了一所学校，现在是一个有着迷宫般房间和走廊的宽敞住所。请留意凯瑟琳是如何将新旧结合起来的，并且如何通过使用大量的白色亮点来更新这座房子的乡村特征的。

The Blue Room

蓝色的房间

THiNK 乡村

一开始，文森特·科尔特（Vincent Colet）是一个橱柜制造商，后来他开始收藏古董家具并且成了一名古董收藏家。现如今，他致力于重新发掘几位杰出的比利时设计师的作品，比如，朱尔斯·韦伯斯（Jules Wabbes）、克里斯托弗·杰弗斯（Christophe Gevers）。克里斯托弗·杰弗斯也是这个蓝色的花园移动天线的制作者。卡罗琳则从杰弗斯的蓝色支架获得了灵感，把客厅漆成了克莱因蓝。

这栋房子的内部设计是对工业设计和包豪斯的致敬，你能从房子里的每一个转弯处感觉到这一点。房子里无数的钢管家具和工业用灯都透露出业主对工业设计的崇敬之情。巨大的工作桌和钢管椅都是克里斯托弗·杰弗斯的作品。朱尔斯·韦伯斯设计的这两盏古铜色的壁灯，看起来像雕塑一样站立在桌子上。要开始装修这座房子时，文森特·科尔特去了瑞士追寻包豪斯设计。

就在离著名比利时设计师朱尔斯·韦伯斯的居住地和拿破仑最后一次战败的地点只有一箭之地的地方——滑铁卢附近的拉恩，我们走进了文森特·科尔特和卡罗琳·科尔特（Caroline Colet）的家中。科尔特不仅为这位知名设计师的事务所注入了新生命，同时还对艺术和复古采用了一种冥想的方法。这栋现在看起来像是工作室的建筑，曾经是一个农场。朱尔斯·韦伯斯在这里有一种宾至如归的感觉。毕竟，科尔特和这位有名的设计师有着很多共同之处。文森特·科尔特是一个橱柜制造商和文物收藏家，后来他又对前卫的设计产生了极大的热情。这种热情最终将他带到了瑞士。文森特解释道："瑞士通过运用纯粹的包豪斯标准，已经开发并且发展了很多工业设计。"他对工业设计着迷，喜欢瑞典设计师约翰·佩特·约翰逊（Johan Petter Johansson）设计的三层壁灯。这个乡间别墅的花园与周围的田野无缝衔接。花园就从房子的前门开始，内部十分宽敞。你可以从那里穿过设计师克里斯托弗·杰弗斯设计的桌子和椅子，经过钴蓝色的客厅再回到花园。长期定居在安特卫普和布鲁塞尔的设计师克里斯托弗·杰弗斯，在 20 世纪 60 年代取得了巨大突破。当时，法国画家伊夫·克莱因（Yves Klein）的蓝色系列也引起了很大轰动。这个蓝色的房间就是从杰弗斯的蓝色支架获得了灵感。蓝色的房间会营造出一种疏远的效果，并且立即将你带离这个乡村环境，这是一种非常有冲击力的对比。

蓝色的房间

房屋的内部装修并没有外部环境显示的那样典雅。
厨房和餐厅的角落里有种工业风的外观，尤其是石
头拱顶的天花板。瑞典发明家约翰·佩特·约翰森
设计的这座华丽的望远镜壁灯提供了额外的工业风
亮点。餐桌旁摆放的椅子是瑞典建筑师埃里克·古
纳·阿斯普伦德（Erik Gunnar Asplund）的作品，
这把马鞍椅是瑞士家具制造商恩布卢（Embru）生
产制造的，墙边的这个现代主义意大利橱柜甚至可
以追溯到 20 世纪 30 年代。

Holiday Home

假日别墅

实在很难想象，在娜塔莉·德博尔重新设计内部装饰之前，这座房子究竟有多荒凉阴暗。翻新之前，这座建成于 20 世纪 70 年代的老房子用橡木做成的隔板分隔成了很多小房间。娜塔莉把所有的横梁都刷成了白色，拆除了一些内墙，彻底打开了整个室内空间，让视线和动线都变得更加自由，并且创造出了一种动态的室内循环。

即使有娜塔莉·德博尔（Nathalie Deboel）在一旁热情地解释说明，我们也很难想象这栋房子以前的样子。娜塔莉是一位室内建筑师。因此，对于如何把这座建于 20 世纪 70 年代沉闷无聊的小农庄改造成一座完全不同的建筑，娜塔莉有很多专业的意见和要求。改造结果无疑是令人惊喜的。这栋原本阴暗陈旧的房子，被分隔成了紧凑而封闭的房间，几乎看不到房子的外观。而现在，你可以从房屋的一端径直看到另一端。娜塔莉打开了室内的空间，同时选择了滑轨推拉门，这样从任何方向望去都不会被遮挡住视线。她创造了一个透视感强并彼此联结的开放空间。餐厅连接着客厅和开放式厨房，厨房有一部分面积铺着黑色的瓷砖，看起来更像是个图书馆。房间里原本棕色的横梁如今被粉刷成了白色。到处都是有粗糙感的亮点装饰，比如，厨房里的石灰岩。粉刷过的墙面，给这所住宅带来了一种田园般的淡漠气质，可以说是一座非常适合祖孙三代同时居住的度假别墅。走廊里的壁纸营造出了一种丛林般的氛围。这种从光滑整洁的空间到更柔软的空间的过渡，具有一种镇定的作用。娜塔莉说："这种作用对于用来度过周末和夏天里的几个星期的房子来说尤其重要。"

从客厅可以直接看到厨房。室内的窗户是由铁和玻璃制成的，这些当然也是手工制作的。这些窗户确保了房间的透明度，并且能够很好地让光线流通。房间的深色调则体现在厨房，如墙面上精美的马赛克砖、餐桌和用粗糙的天然石材制成的料理台面。

假日别墅

乡村风格的楼梯已经被光滑、现代的结构替代，而丛林氛围的壁纸给人的感觉却与之相反。这里运用了大量黑白的图案对比。走廊上这盏灯是朱尔斯·韦伯斯于 20 世纪 50 年代设计的。

建筑师设计出品

In The Meadows

草地上

THiNK 乡村

草地上

汉斯夫妇非常迷恋包豪斯设计风格的简洁线条，而且非常推崇建构主义建筑。他们热衷于发现不同寻常的家具，比如，厨房里这把由皮埃尔·查罗（Pierre Charo）设计的木椅。建筑的几何形结构倒映在花园里的小水池。可以说，这座现代建筑完美地和周围的田间风光融合在一起。

在这栋房子里，我们可以俯瞰广阔的圩田草地，这无疑有种令人平静的效果。委托建造这座房子的业主汉斯·索特（Hans Soete），是一名运动医生，同时也是一位古董设计品的供应商，并且对艺术和建筑非常着迷。出于对斯堪的纳维亚风格乡村小木屋的喜爱，他选择在这里建造一座混凝土结构的建筑，并将其浇筑在未抛光的木板壳中，让建筑看起来像是木头做的一样。他找来建筑师彼得-简·林克内奇（Pieter-Jan Leenknecht）来完成了建筑的基础架构，然后他与室内建筑师弗雷德里克·胡夫特（Frederic Hooft）密切合作，共同完成了室内设计。他们设计了一个开放的室内空间——室内几乎没有门，大量的窗户可以让窗外的景色涌进室内。中央的客厅是完全开放的，客厅正中间有一个悬挂式"壁炉"，看起来有种篝火的感觉。弗雷德里克还设计了这个到处都有黄铜装饰的厨房。卧室区域是按照套房的构想来设计的，室内装饰则是由弗雷德里克·胡夫特和比娅·蒙贝尔斯（Bea Mombaers）一起完成的。大部分家具都是汉斯自己的收藏品。他对建筑和设计的热爱始于他父母的现代派住宅，他的父母同样也是艺术收藏家。汉斯喜欢那些相当优美精致的艺术品。在他的这栋房子里，来客可以欣赏到吉恩-乔治·马萨特（Jean-Georges Massart）的树枝型雕塑、马克·安吉利（Marc Angeli）创作的单色颜料画，他们两位都是来自比利时法语区的艺术家。这些艺术作品为这座建造在圩田草地上的建筑增加了额外的冥想色彩。

房子的中心区域是一个围绕着悬挂式壁炉的客厅，
墙上挂着艺术家吉恩 - 乔治·马萨特精美的作品。
客厅里的椅子都是伊姆斯夫妇及保尔·雅荷尔摩
（Poul Kjaerholm）设计的作品，沙发则来自瑞士家
具品牌 De Sede，马尔登·范·塞夫恩（Maarten
van Severe）设计的这把扶手椅就伫立在这盏卡斯
蒂格利奥尼（Castiglioni）设计的雷达落地灯旁边。
室内和室外都和早春景色的温柔色调融为了一体。

室内建筑师弗雷德里克·胡夫特设计了这间厨房，
他选择了造型现代时尚的黄铜面板作为装饰。这种
粗糙与光滑、材料和线条的结合，赋予了这栋房子
一种艺术特质。这栋房子给人的感觉像是这片平坦
草地上的一个避难所，尤其是在冬天，很像是一个
轮廓分明的混凝土建筑物保护着其中的住户。

Seaside House

海滨别墅

　　很多世纪以前，低地国家南部的这部分地区更靠近海边，而这栋房子所在的这座蜿蜒的堤坝大约建造于中世纪晚期。虽然现在这片低洼的沼泽地里出现了更多泥滩和沼泽，但这里的风光似乎和从前没什么两样。这栋房子倒没有那么古老，大概只能追溯到150年前。不过，它和曾经矗立在这里的那些老房子看起来非常相似。这栋建筑的形状像一顶帐篷，垒砖墙所用的砖块由当地的陶土就地烧制而成，屋子顶部是一个简洁的三角形房顶。三角形的屋顶设计主要是保护房子免受北风的影响，而且更朝向南面，面向太阳和光照。当风吹过种满谷物的田野时，就像是在海面上掀起了风浪。苏菲（Sofie）和金·韦伯斯特（Kim Verbiest）完全沉醉在眼前广阔的美景中。室内建筑师金·韦伯斯特经常到处旅行，而且热爱古老的家乡和乡村的宁静。这栋田野间的房子，让他们离家度假的梦想成真了。在他们买下这栋老房子之前，房子年久失修，可以说状况堪忧。如今，这栋住宅被翻新成了一种简单、乡村和优雅的风格。请仔细看看这些灯光的细节，还有家具的选用。墙面上悬挂的这两块大门板，来自摩洛哥港口城市索维拉的一个渔民小屋。色彩的运用同样值得留意：大面积的色彩都非常传统，却到处都留有一些现代风格的小呼应。屋子里无处不在的木板增加了额外的温暖感、安全感和乡村魅力。

堤坝上的小屋提供了一种和田间房屋完全不同的体
验。这栋荷兰南部的小房子已经有上百年的历史了。
这些房屋曾经是牧羊人躲避凛冽的北海风的庇护所，
这也是这栋房子藏在堤坝背后的原因。这栋紧凑坚
固的小房子被巧妙地翻新，拥有了木墙面和木地板。
客厅和厨房是一个整体。地板上铺着格鲁吉亚地毯，
墙上悬挂的门板则来自索维拉。通过那些看起来像
断头台的窗户，可以清楚地看到花园里的景色和四
面八方广阔的景观。

THINK 乡村

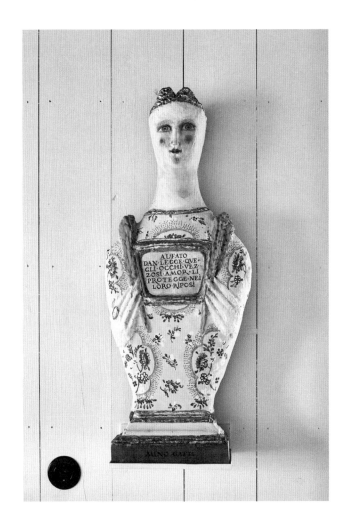

室内建筑师金·韦伯斯特曾经设计过许许多多不同的房屋。她喜欢在不进行大规模翻修的情况下让老房子焕然一新。在这栋房子里，她的设计重点是视线。她故意把窗户留得很小，这样可以增强这栋度假别墅的庇护感。这些木头门板增添了一种温暖的感觉，而且几乎所有的家具都是中古品。

工业风

The Oil Mill

榨油工厂

THiNK 乡村

对米格尔·阿尔戈特（Miguel Algoet）来说，沉迷于研究先祖的历史给他带来了很多乐趣。米格尔在马切伦一个风景如画的小村庄里长大。这个地方以前是个榨油工厂。"拉特姆学院派"的画家们在这里创造出了他们的印象主义和表达主义杰作，这里也是画家罗杰·拉维尔（Roger Raveel）生活和工作的地方。米格尔的一个直系祖先于 1833 年创立了这座榨油工厂，这个家族将这家工厂传承了下来。不过在某个时期，这个工厂也被彻底翻新过。米格尔拆除了所有战后扩建的部分，将建筑恢复成了原本的 19 世纪建筑风格，并且围绕着这个风格进行了改建。现如今，他独自一人居住在这里，他的工作室也在这。他组织了很多艺术展览，经营着很红火的古董生意，并且创立了手工照明风格。他从孩提时代起就开始收藏古董开关和配件，并且把这些物件运用在新款的吊灯上。他认为，怀旧不仅是一种有形的设计元素，同时也是一种创意的源泉。在这座工厂里建造他的住所和设计室内装饰的过程中，他回收利用了每一块没有破损的板材和砖材，他非常推崇这种环境友好的建造方式。这种不停把时间倒转到过去，再回到当下的感觉，让他非常着迷。他认为，那就是乡村生活的本质。

米格尔对过去抱有热情，他非常喜欢把过去的元素带到现在的生活中。这栋别出心裁、不同寻常的建筑，曾是一座由米格尔的祖先建造的工厂。他把这里改造成了住宅，从而避免了这栋工业历史建筑遭受拆除的命运。所有的建筑材料都是二次利用的，即使是最简单的板材。如果有什么物品不能融入建筑中，那它就会被改造成家具。米格尔就居住在一个过去用来放置蒸汽引擎的巨大空间里。

工业风空间的视觉效果都非常好，这要归功于它们不同寻常的室内平面图和特别的视野。这栋房子里的每一样物品背后都有一个故事，包括这辆给阿尔戈特家族数代人带来过欢乐的古董脚踏车。米格尔会翻新一些电灯，并且在他的"被遗忘的灯光"系列中展出和售卖。

自然保护区

Fresco

壁画

　　皮尔特·范登霍特（Pieter Vandenhout）给他的乡间别墅换上了一层新的杨树皮。杨树是一种曾经随处可见，但近些年几乎被遗忘的浅色木材。皮尔特解释道，杨树的纹理非常漂亮，是一种非常柔软的木材，而且杨树的老化过程非常美妙。经过多年的使用之后，杨树会拥有自己独特的味道。在皮尔特作为一名建筑帅的工作经历中，他翻新过很多不同的历史建筑。他对商业的每个方面都非常熟悉，知道在哪里可以脱离传统，给现代设计一个机会。这个偏远的乡村别墅坐落在布鲁塞尔附近的一个的自然保护区内，该保护区成立于 1927 年。房子的三个外立面都保留了原本的风格，不过南边的外立面经历了一次当代风格的大翻修。这些低矮的窗户可以让人舒舒服服地坐在扶手椅上就欣赏到室外的景色。皮尔特打开了室内空间，并且让绿意从四面八方延伸进来。他在墙上刷上了灰水泥，而且趁墙面干透之前画上了壁画，这样可以让画面有种更自然的光泽。在这个遗世独立的地方，皮尔特和太太，以及孩子们一起尽情享受着这里的宁静和安详。除了随处可见的设计款家具之外，还有几件古董家具和艺术品吸引了我们的目光。这里没有多余的细节——屋子里的门没有门框，窗户没有横梁，而且每个地方都看不到踢脚线，这可以说是一种复杂巧妙的简洁之美。房子外面是一个现代风的花园凉亭，皮尔特经常会在那工作。这个凉亭还提供了一个窗口，可以通过它看到户外起伏延绵的景色。在这里，只有大自然决定着时光的流逝。

这所乡村住宅几乎很难被找到，离自然保护区最近的小镇与它的距离都很远。这座建筑建成于1927年，整体风格是一种朴实无华的乡村风格。设计师皮尔特·范登霍特特意保留了这一精神，并且以一种简洁又现代化的设计眼光对其进行了翻新。很显然，室内空间的开放是为了让住户能更好地欣赏户外的风景，同时还综合了用餐区、烹饪区和休息区域。厨房可以说是这个家里跳动的心脏，而且是用周围森林里回收的木材建造的。

这栋建筑坐落在自然保护区中心地带的一块土地上，离布鲁塞尔只有一箭之遥。由于远离忙乱的城市，业主在这里可以享受到完美的和平与宁静。这栋大房子旁边是一座现代主义风格的花园小屋，这也是皮尔特的设计工作室（见第 118、第 119 页）。工作室的装饰他选择了裸墙和建筑师的一些设计，墙上挂的画是比利时画家吉恩·杜博伊斯（Jean Dubois）的作品。

皮尔特·范登霍特认为，乡村风的室内装饰最重要的是应该有种简单朴素的感觉。遵循着这个信念，他选择了没有门框的简单木门，有着淡淡光泽的粉刷过的墙面，还有宽大的木地板。归功于这种朴素感，连在浴室里都能呼吸到冥想的宁静感。

壁画

居住在这儿的业主喜欢没有任何多余部分的简单装饰，还有那种有着雕塑质感的家具，比如，这把法国设计师皮埃尔·保林（Pierre Paulin）在 1963 年设计的美丽的扶手椅，这把古董扶手椅闪烁着的光泽，表明这是一件主人爱用物。你还可以仔细看看这些把室外景色分割成很多块的窗户。

Studiolo

书房

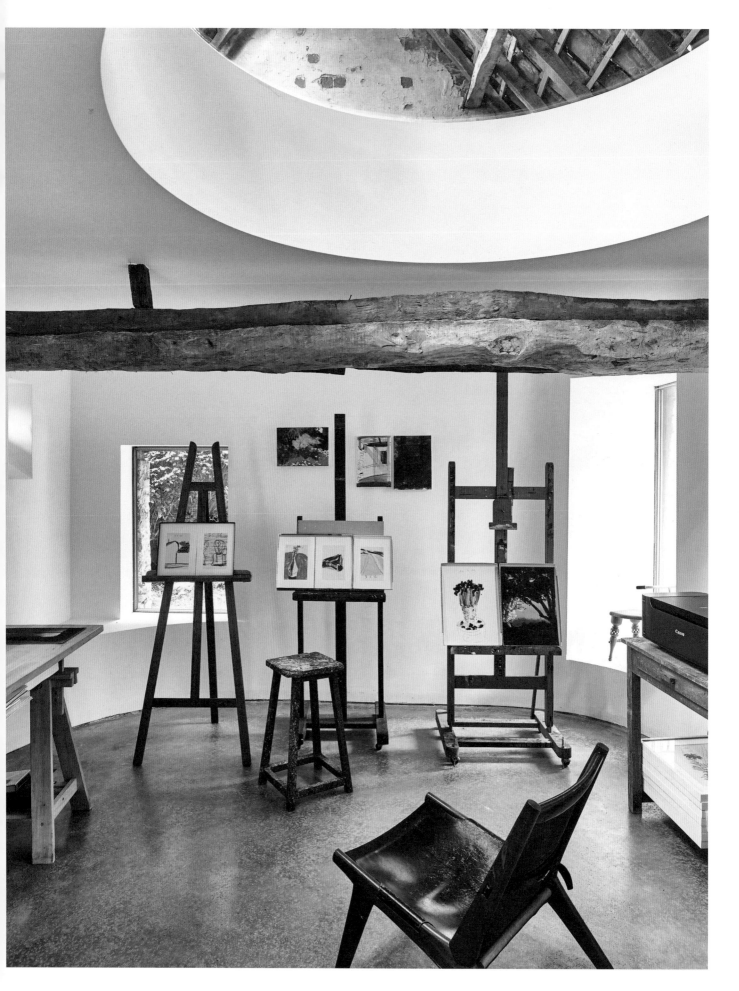

125 　　THiNK 乡村

书房

独具匠心的设计师巴特·朗斯创造了一个椭圆形的室内空间，并将这作为画家威廉·普洛格的冥想工作室，这个破旧的马厩因此焕发出了新的生机。这个穹顶型的天窗，再加上乔里斯·范·德·博特设计的图书馆椅，可以让艺术家威廉·普洛格享受到这座古仓的旧阁楼。

在艺术家威廉·普洛格（William Ploegaert）的花园里，树林间这座小小的谷仓提供了一个能够让人远离外部世界的避难所。这栋小小的建筑曾经被荒废了很长时间，不过最近经历了一次手法柔和的修复。修复效果非常好，好像它一直就是现在这样美丽。现在这里是威廉的小书房，他一般会在这里画画和冥想。如果没有建筑师巴特·朗斯（Bart Lens）的专业指导，这座简陋住宅的内部不可能变得这么惹人喜爱。巴特在内部建造了一个以八角形为基础的结构，还有一个双圆形结构（房屋顶部有两个圆顶），光线可以透过老旧的玻璃屋顶照进房间。谷仓本身的构造没有被改变，你依然可以看到老旧的横梁在房顶交叉排列。从四面八方照进来的散射光和那些圆顶形状的设计，看起来就像一个饱满的胸部，创造出了一种不同寻常的体验。这里是威廉·普洛格用来冥想的理想房间。对于威廉来说，这也是一个作为工作室和图书馆的空间。威廉非常喜欢旧书，巴特·朗斯推荐他造一个裁判椅，这样他可以偶尔从穹顶向外看。为此，家具设计师乔里斯·范·德·博特（Joris van der Borght）设计了这个配有两个裁判椅的图书馆式书架。这里的一切都和其他地方不同。谷仓背后是一个老式的蔬菜园，这里看上去就像是"拉特姆学院派"的艺术家创作的画作一样。凑巧的是，这里也是这些画家们当初支起画架进行艺术创作的地方。

书房

Bungalow

孟加拉式平房

孟加拉式平房

这座房子的内部有着开放式的平面和空间，休息区域被抬高，这样的设计思路可以说是完全领先于时代的。一个巨大的壁炉从粗糙的天然石材砌成的墙面延伸出来，搭配得非常巧妙。这种开放性，正是建筑师让这所房子变成一座假日别墅的方式。

这座白色的房子隐藏在森林里高大的树木背后，只有通过一条陡峭的林间小路才能到达。1958 年，当布鲁塞尔现代派设计师之一——罗杰·德·温特（Roger De Winter），把这栋建筑设计为孟加拉式平房时，它倒不是那么特别和惊艳。因为在当时，现代主义建筑反而更受欢迎。在 1958 年的布鲁塞尔世博会期间，这座城市被追求现代设计的热情和冲动吸引。很多人梦想着拥有那种有着混凝土横梁、巨大的窗户和被粉刷成白色砖墙的简单透明的房子。周围高大的树林让这个地方看起来像是巴西的热带雨林。不过这也没什么值得惊讶的，毕竟那时候，人人都对巴西的新首都巴西利亚赞不绝口。随着时间的推移，周围的树林和灌木也长得更高大了。这个潮湿溽热的地区有自己独特的局部小气候，在夏日里另有一番热带风味。室内建筑师玛蒂娜·佩斯蒂奥（Martine Pestiaux）和她的家人就定居在这。她也是第一批把 20 世纪 50 年代设计风格引入布鲁塞尔地区的人。从学生时代开始，玛蒂娜就开始收集世博会相关的纪念品。对于她来说，这里是一个临近布鲁塞尔市中心的宁静绿洲。透明的建筑能够让屋外的森林风光涌进室内，松鼠经常会蹦蹦跳跳地穿过露台，现在这里变成了一个额外的夏季休息区域。

THiNK 乡村

当建筑师罗杰·德·温特于 1958 年设计这座房子的时候，他保留了一些战前现代主义建筑的风格，同时融入了当时正流行的透明的斯堪的纳维亚式平房式建筑。这座房子最初只有一层，二楼是后来扩建的，不过恰到好处地考虑了房子的原始比例和装饰效果。为了让光线能从四面八方透进来，建筑的结构分成了三个相对独立的部分，有点像蜜蜂的躯干。房屋背后，玛蒂娜把花园里的小屋改造成了她的陶瓷工作室。

孟加拉式平房

玛蒂娜·佩斯蒂奥算是布鲁塞尔的第一批中古商人，
她的住所自然也是她收藏的一部分。这是她的书桌，
同时也是她陶瓷作品的展示架。开放式的房间格局
让花园显得非常有存在感。这栋房子坐落在一个茂
密的树林中，树林里长满了历史悠久的老树，在夏
天营造出了一种亚热带的氛围。

建构主义

Geometric House

几何形房屋

设计师菲利普·詹森斯痴迷于建构主义风格，不仅是因为建构主义是包豪斯风格的传统，他还受到了朱尔斯·韦伯斯的影响。朱尔斯·韦伯斯设计的家具就像建筑一样，有着强大的水平和几何层次。餐厅的角落里，我们看到了一个解构主义的书柜桌，这正是朱尔斯·韦伯斯在 20 世纪 50 年代末期设计的作品。我们也能从窗户和沙龙椅中看出詹森斯标志性的设计风格。

大约一个世纪以前，荷兰著名的前卫建筑师格里特·里特维尔（Gerrit Rietveld）设计的传奇性的红蓝相见椅引起了巨大轰动，艺术家皮特·蒙特里安（Piet Mondriaan）也绘制了他的第一幅几何绘画。而今，我们在这个家里发现了抽象几何的重生。这里的几何构成方式是完全不同的，不过它已经被仔细构思过，而且构建方式和前人的相似。这座非比寻常的乡村别墅坐落在布拉班特的一个自然保护区内，别墅的设计师，同时也是业主的菲利普·詹森斯（Filip Janssens）将室内建设性要素从建筑外部运用到内部最微小的细节。多年来，菲利普·詹森斯一直在研发华丽的建构主义家具。与此同时，一个想法迅速地在他脑海中形成、扎根：将房子概念化，设计成陈列柜的形式。原本的砖石外墙被改造成了盒子一样的形状，把这个陈列柜般的建筑变得像一座雕塑，人们可以从这里走进房子里。菲利普·詹森斯还受到了布鲁塞尔当地设计师朱尔斯·韦伯斯在 20 世纪 50 年代设计的一张特殊的办公桌的启发，这张桌子的设计理念类似于木质和金属材质的建构主义组合。遵循着这一主旨，厨房里的家具也是按照和这张桌子相似的线条组成的。具有菲利普个人特质的立体符号风格在他家的每个角落都清晰可见：较大的线条结实而流畅，但细节处却充满了建设性的力量。实践证明，他的风格是成功的，因为最近有大量类似风格的家具、设计项目和建筑项目不断出现在市面上。

走廊上的储物柜里同样也隐藏着一个有趣的建构主义证据。客厅的角落里摆放着一张布鲁塞尔本地设计师朱尔斯·韦伯斯设计的老式储物柜，这个柜子的结构给詹森斯带来了源源不断的灵感。房间里的内部装饰采用了一种简约、轻松的风格，还摆满了各种各样的发现物。

这栋房子坐落在一个自然保护区的边缘地区，砖石外立面和周围的风景完美匹配。在菲利普·詹森斯设计的这个房子里，我们还发现了一堵蒙特里安风格的建构主义砖墙。

Farmhouse

农庄

农庄

与帮助翻新了这座建筑的建筑师埃迪·弗朗索瓦一样，业主菲利普·费弗在世界的不同地区也有宾至如归的感觉。作为一名艺术史学家，菲利普·费弗和过去的历史有着紧密的联系。他从收集考古发现开始入门，这个项目至今仍然让他着迷，不过后来他又对独特的古董产生了浓厚兴趣。

这栋房子旁边曾经有一座风车，遗憾的是，它没有从战争的破坏中保存下来。战争结束后，风车这种形式的风能不再划算，所以这座风车也没有被重建。在风车曾经矗立过的地方附近，有一座被大自然环绕的小山，山上坐落着一座农场，菲利普·费弗（Philip Feyfer）在这里安顿了下来。作为一名艺术史学家，菲利普在比利时知名的古董商阿克塞尔·维沃德的团队里工作了很多年。现如今，他开始从事独立买卖艺术品和古董，在环游世界的同时，热情地探索各个不同的时代。菲利普最初是一名考古发现的收藏者，一些发掘出来的收藏品至今依然为他的家增光添彩。后来，他在穿越南美的旅程中爱上了野兽派建筑，这也让他开始接触巴西设计师塞尔吉奥·罗德里格斯（Sergio Rodrigues）、奥斯卡·尼迈耶（Oscar Niemeyer）和何塞·扎宁·卡尔达斯（Caldas José Zanine）等人的作品。与此同时，他还发现了很多同时代设计师的作品，比如，夏洛特·贝里安（Charlotte Perriand）、让·普鲁韦（Jean Prouvé）和皮埃尔·让纳雷（Pierre Jeanneret）等人的作品。菲利普四处寻找原版的样品，尤其喜欢作品最初设计时的雏形。他非常喜欢用木材、皮革或钢材制成的大胆家具，为维伍德工作的经历也成就了他对风化过的铜锈的喜爱。我们也能从这座始建于 1907 年的农庄里感受到菲利普这种审美偏好。虽然建筑的很多部分都是菲利普自己设计的，不过这次农庄翻修是由他和建筑师埃迪·弗朗索瓦一起合作完成的。这座农庄原本老旧的内部结构已经基本被拆除，但幸好有许多的古董和旅行中的意外收获，整个房子让人感觉非常温暖和舒适。从窗户往外看，可以看到雕塑般的花园和修剪得很好的巨大黄杨木灌木。

农庄

房子的室内构造没有发生根本性的变化，但是所有
细节都被加强了。设计师修整出了光滑的墙面和开
孔，创造了一个有着混凝土地板、大量天然石材和
纯色艺术品的当代式客厅。厨房里设置了一个休
息区。

菲利普·费弗曾经为了搜寻设计师们设计的中古品和古董周游世界。他非常喜欢巴西的创作风格，尤其喜欢给人亲切感的如画一般美丽的室内装饰，这些工作室就是美丽的案例。请好好欣赏这些裸灰色的墙面还有风化褪色的木地板、横梁和家具吧。

Fallingwater

流水别墅

这栋比利时建筑师马克·德萨维奇居住过的房子被认为是 20 世纪 70 年代以来最引人注目的创作之一。比起 20 世纪 70 年代很流行的线条，马克·德萨维奇的建筑风格更加趋向于野兽派。在马克仅二十年的建筑师生涯中，他设计了很多教堂和修道院，罗马式风格也给这个空间增添了色彩。建筑内部被构想成了塔楼式楼梯间，围绕着混凝土中央楼梯设置了开放式空间。

这栋房子坐落在由天然泉水灌溉的密林沼泽中，甚至还有一条小溪从下面流过。这栋别墅可能不像弗兰克·劳埃德·赖特设计的那栋流水别墅一样经典，不过它与周围野外环境的联系也同样紧密。建筑师马克·德萨维奇（Marc Dessauvage）于 1972 年设计了这栋房子作为他自己的住所，他特意把这座别墅修建在低矮的混凝土墙体上，以避免建筑物阻隔溪流的流淌。马克把这座房子想象成一座带有中央楼梯的住宅式塔楼，并且以圆厅别墅的帕拉第奥十字形结构作为这座建筑设计的基础。马克非常喜欢 20 世纪 50 年代野兽派建筑中粗糙的混凝土材质。正是在那时，马克刚好完成了他的建筑学研究。这栋建筑的内部也明显充斥着和当时的野兽派建筑相同的粗糙混凝土元素，室内空间最初被设想成了一个没有门阻隔的巨大的流通空间。然而，这栋由建筑师设计的住宅多年来却一直处于年久失修的状态。直到最近，视觉设计师托马斯·塞鲁伊斯（Thomas Serruys）和凯瑟琳·斯莫尔（Katharina Smalle）买下了这座住宅，并且进行了全面的检查和翻修。这栋建筑几乎完全被周围的森林掩盖住了，托马斯在不破坏其原本面貌的基础上修复了几乎所有地方。他有自己的画廊，在那里出售古董设计，同时他也设计和生产自己的金属椅，这些椅子的形状让人联想到宇宙飞船。他在设计方面的偶像包括迭戈·贾科梅蒂（Diego Giacometti）、让·罗伊尔（Jean Royère）和克里斯蒂安·克雷克斯（Christian Krekels）。在他看来，这座荒野中的不同寻常的森林别墅对他来说是一个非常强烈的灵感来源。

　　　　　流水别墅

这栋房子坐落在森林中央的一条小溪上，溪流就在房子下静静地流淌，这里的日常生活都遵循着自然的节奏和规律。最近，托马斯·塞鲁伊斯对这座房子进行了翻修。他从事发掘并销售古董工作，同时也是一名家具设计师，设计自己的桌子和室内雕塑。这些年来，他已经收集了一大批二十世纪六七十年代的艺术品。

Orangery

柑橘温室

约翰·格里普是一位园艺师，他如今居住在广阔的田野中，田里种满了鲜花和植物。他在他的房子里扩建了一个工作室，那里有着简单的砖石地板和金属的冬季花园专用窗框。他的风格可以算是不同寻常的巴洛克风格。室内陈列的大部分家具和物品都是他收集的室内设计师让-菲利普·德梅耶的作品。

园艺师约翰·格里普（Johan Gryp）在布鲁日市附近的科斯特斯维尔庄园里工作和生活。他住在一座最近新建的柑橘温室里，温室后面的路边有成千上万的植物和无数的树篱和灌木。多年来，他一直有一个用柑橘温室的形式修建房屋的想法。实际上，在建筑师安杰·邓特（Anje Dhondt）把这个概念转变成实际规划以前的很长一段时间，约翰的这个想法就已经完全形成了。他不想偏离传统的建筑材料，比如，砖石砌的墙体、粉刷过的墙面和铁窗配件。不过，他确实运用了一种更现代、更独特并且更隽永的风格来完成了这座房子的建造。他同时也把这个柑橘温室当作那些大型植物冬天的临时居所。就装修风格而言，这是一个温暖和让人感到宾至如归的地方，屋子里有相当多的新巴洛克式古董家具和室内设计师让-菲利普·德梅耶（Jean-Philippe Demeyer）的作品，这个壁炉台则来自一家意大利庄园。约翰非常喜欢手工材料，这一点从房间里粗糙的木板和天然石材的大量使用，以及二楼精美绝伦的罗马式地面就可以看出来。屋中这些古色古香的陶土砖来自比利时家居品牌 Dominique Desimpel。不同寻常的植物和不计其数的仙人掌增加了房间里的雕塑感，同时还增添了一种丛林般的感觉，更为这个家里带来了一丝乡村魅力。除此之外，这个柑橘温室还居高临下地俯瞰着一座牧场，那里挤满了正在放牧的马。

约翰对未抛光的材料非常感兴趣，他用氧化过的再
生木材和旧砖建造了部分建筑，这些材料非常适合
展示他收藏的部分仙人掌。

屋顶的内部被彻底粉刷过,卧室刚好就藏在屋顶
下方。卧室的地面铺满了来自比利时家居品牌
Dominique Desimpel 的陶土地砖,这些陶土地砖
给乡村风格增添了一丝东方色彩。

City Farm

城市农场

城市农场

在生态革命给我们的城市中心带来各种新鲜事物的以前，我们城市中早已经有了农场。这座建筑就是一个很好的例子。奶牛们在这座安特卫普市中心的农场里过冬的日子已经离我们很遥远了，不过农场特有的那种乡村般的和平和安宁感被保留了下来。这在很大程度上归功于居住在这里的人们的性情，这栋房子现在的业主刚好是两位饱受赞誉的景观建筑师。

皮尔特·克鲁斯（Pieter Croes）微笑着说："我们现在居住在安特卫普市中心的一座农场里。"不过，你也许会说，这不可能！但这里的的确确是一个城市农场。就在二十年前，房子下面的畜栏里还有二十多头奶牛在那过冬。而且正如彼得描述的那样，这座邮票般美丽的花园里现在还有两匹马。过去，鸡蛋、牛奶和黄油就是在这栋房子前面交易的。现在城市又开始变绿了，人们也重新打理菜园，这个以前的城市农场受到追捧似乎也是件理所当然的事。但巴特·哈维坎普（Bart Haverkamp）也指出，农场没有完全恢复当初的样貌。比如，这些牛必须穿过环城公路才能到达牧场，你很难想象这种事情会发生在如今这样交通繁忙的情况下。皮尔特和巴特最初买下这座不同寻常的建筑的时候，这里还几乎是一座工业马厩。他们从事设计和园林景观的工作，刚好把这里作为他们的商业工作室。他们彻底翻修了这座破败的老建筑，搬进了从前的干草棚，因为那里的每个角落都沐浴着温暖灿烂的阳光。他们还计划着要建一个树屋，因为他们喜欢住在高处。他们的主要工作目标是在最不可能的地方建造屋顶花园，比如，建造在布鲁塞尔的一座公寓楼顶上的草原花园。巴特和皮尔特在很多地方都有工作项目，他们最远甚至到过地中海沿岸的梅诺卡岛。他们不仅绘制和设计花园，同时还在努力建造花园，并且在周游世界的同时，也在各种地方发掘奇特的花园。

现在的这间客厅位于从前的牛棚里，房间顶上有着
古老的横梁，这些横梁现在被利用改造成了储物空
间。这个房间原本是干草料棚，不过巴特和皮尔特
对它进行了改造，打开了房间的格局，让光线能够
透进来，而且还能从房间里欣赏到小花园的美景。
虽然这个后院非常小，但也给他们带来了一丝城市
丛林的感觉。皮尔特和巴特专门从事屋顶花园的建
造工作。

New Zealand

新西兰

THiNK 乡村

我们并不是要穿过大半个地球前往新西兰，相反，我们要在荷兰南部的泽兰省逗留一段时间，并且参观一个设想被打造成当代住宅式谷仓的不同寻常的乡间住宅。很显然，这座住宅的业主、时尚品牌 Bellerose 的所有者，是几位热情的环球旅行家。你甚至可以看出，这座建筑受到了建筑师理查德·诺依特拉（Richard Neutra）当年设计的那些宽敞的别墅的影响。这座住宅是由业主和一位鹿特丹当地的住户马尔特耶·拉默斯（Maartje Lammers）一起设计的。建筑最初是一座建于 20 世纪 50 年代的旧谷仓，谷仓内部有一根木制的脊梁。房子内外到处都是木头，这些木材都来自这座从前的谷仓。室内凹凸不平的地板，还有由未经打磨的片岩砌成的巨大墙体，颇有弗兰克·劳埃德·赖特的设计经典风格。这里的 20 世纪 50 年代设计大多来自斯堪的纳维亚半岛。这座建筑非常开放，为居住其间的人们提供了一个接近360 度的田间草地的视野，同时也提供了一种坚实可靠的安全感。大量有悬浮感的墙面创造出了很多亲密感，还有一种相当复杂的循环感。异国情调的木材、南美柚木地板和无数铜质配件的结合为整体印象增添了一丝航海气息，而这栋房子的住户也是几名热情的水手，他们为了享受纯朴自然的乡村的和平与宁静来到了这里。他们用这座浑然天成的谷仓建筑，而不是别墅，装点着这里的农场。

这绝对可以算是最原始的房子之一，不仅仅是因为它周围的景观，更重要的是它独特的结构和不同寻常的细节。由于这根承载整个结构的木制脊梁的缘故，建筑外部的木质结构让人联想起 20 世纪 50 年代的建筑。翻修改造的结果是形成了一个顶棚式的房屋，一边是开放的，一边则用木墙封闭起来，更私密的那一端就是用来睡觉的地方。

无所不在的开放性并不妨碍室内空间的亲密感，这
种亲密感主要是通过天然石材和不规则图案的木地
板来实现的。由于这些耗费多年收集起来的斯堪的
纳维亚老式家具，所有这些天然材料给人留下的印
象变得更加强烈了。

木材的大范围使用，还有整座房屋看起来像是漂浮在水面上的视觉体验，都给人一种海洋的感觉。不用觉得奇怪，因为居住者正是几位热情的水手，而这座乡间小屋（我们故意避免将其称为别墅）距离大海仅一箭之遥。巧的是，直到几个世纪前，这片开垦中的荒地还在海底呢。

THiNK 乡村